BEI GRIN MACHT SICH IHR WISSEN BEZAHLT

- Wir veröffentlichen Ihre Hausarbeit,
  Bachelor- und Masterarbeit

- Ihr eigenes eBook und Buch -
  weltweit in allen wichtigen Shops

- Verdienen Sie an jedem Verkauf

Jetzt bei www.GRIN.com hochladen
und kostenlos publizieren

Sarah Swienty

„Wir entwickeln ein Erdkundespiel für die 5. bis 7. Klassen" – Durchführungsphase des Projektunterrichts für die Entwicklung eines topographischen Lernspiels

GRIN Verlag

Impressum:

Copyright © 2012 GRIN Verlag, Open Publishing GmbH
Druck und Bindung: Books on Demand GmbH, Norderstedt Germany
ISBN: 978-3-656-21802-9

Dieses Buch bei GRIN:

http://www.grin.com/de/e-book/191967/wir-entwickeln-ein-erdkundespiel-fuer-die-
5-bis-7-klassen-durchfuehrungsphase

„Wir entwickeln ein Erdkundespiel für die 5. bis 7. Klassen" – Durchführungsphase des Projektunterrichts für die Entwicklung eines topographischen Lernspiels

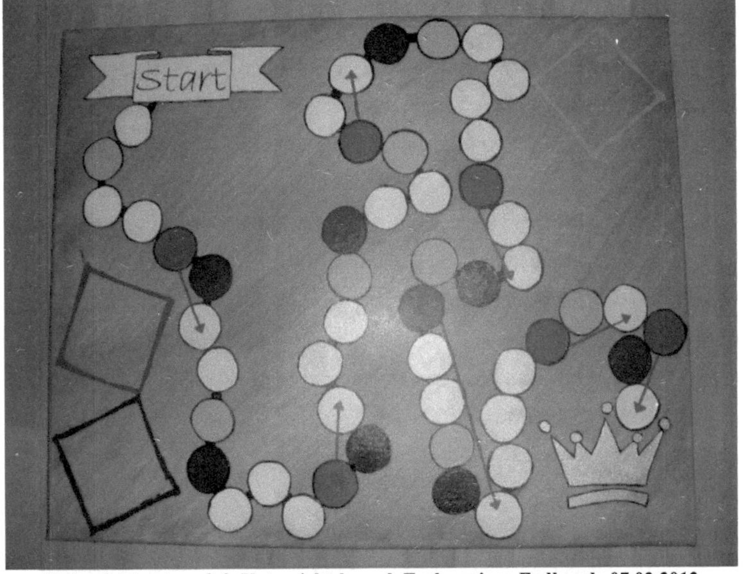

Unterrichtsentwurf: 3. Unterrichtsbesuch Fachseminar Erdkunde 07.02.2012

1. Thema der Unterrichtsreihe

Die Unterrichtsreihe thematisiert mit der Topographie eine zentrale Disziplin der Geographie. Auch wenn die Topographie nur ein Fragment geographischen Wissens ist, so wird sie im Alltag oft mit dem Schulfach Erdkunde synonymisiert.[1] Das topographische Weltbild der Schülerinnen und Schüler wird nicht nur in nahezu allen Unterrichtsfächern durch Karten und kartenähnliche Darstellungen geprägt, sondern bereits im Alltag durch Zeitungen und das Fernsehen. Die Reduktion auf das Wesentliche und die Zentralisierung des eigenen Landes führen zu Verzerrungen in der Ausbildung einer *Mental Map*[2]. Dem Fach Erdkunde kommt daher die Aufgabe zu, subjektiven Wahrnehmungen entgegenzuwirken und einzelne Fragmente in einen übergeordneten Kontext zu überführen, um den Schülerinnen und Schülern eine objektive Raumorientierung zu ermöglichen.

Die Unterrichtsreihe orientiert sich auf der fachdidaktischen Seite an den aktuellen Diskussionen zur Weiterentwicklung von Unterricht im Bezug auf den Erwerb einer räumlichen Orientierungskompetenz, so dass unter anderem die Aneignung grundlegender topographischer Wissensbestände, der Erwerb einer Kartenkompetenz und die Fähigkeit zur Reflexion von Raumwahrnehmung und -konstruktion wichtige Bestandteile dieses Lernprozess sind.[3]

Ein Blick in den schulischen Alltag zeigt, dass entgegen jeder Erkenntnisse neuen Unterrichts der Erwerb topographischer Fertigkeiten und Fähigkeiten selten ganzheitlich oder handlungsorientiert stattfindet. Hauptstädte, Gebirge und Flüsse werden ähnlich wie Vokabeln auswendig gelernt und in Vertretungsstunden oder Lernzielkontrollen abgefragt. Die bereits beschriebene „Gleichsetzung" der Topographie mit dem Unterrichtsfach Erdkunde spiegelt sich auch in dem was im Volksmund als Allgemeinwissen verstanden wird wieder.

Zu Beginn der Unterrichtsreihe bestritten die Schülerinnen und Schüler einen in Bewerbungsverfahren für Ausbildungsplätze üblichen Einstellungstest, welcher anschließend in der Kategorie Erdkunde analysiert wurde. Es konnte festgehalten werden, dass dieser sich ausschließlich der topographischen Seite der Geographie zuwendet. Die Schülerinnen und Schüler äußerten den Wunsch sich aufgrund der anstehenden Bewerbungsgespräche auf diese Themeninhalte vorzubereiten.

Daraufhin wurden in einer Atlasrallye die Fähigkeiten und Fertigkeiten im Umgang mit dem Atlas trainiert und wiederholt, um ein kompetentes Arbeiten im anschließenden Stationenlernen zu ermöglichen. Während mehrerer Stunden konnten sich die Schülerinnen

---

[1] Vgl. Brucker, Ambros (Hrsg.) (2009): Geographiedidaktik in Übersichten. Aulis Verlag, Köln, S.38.
[2] Ebd., S.58.
[3] Vgl. ebd., S.38f.

und Schüler auf verschiedenen Differenzierungsebenen (Sozialformen, Lernkanäle, Themen, Schwierigkeitsgrad) mit topographischen Themen auseinandersetzen.

Im zweiten Abschnitt der Unterrichtsreihe begannen die Schülerinnen und Schüler im Rahmen eines projektorientierten Unterrichts ein topographisches Lernspiel zu entwickeln (siehe Kapitel 4).

Gliederung der Unterrichtsreihe:

1. Stunde	Assasment-Center-/ Einstellungstest – Wie fit bin ich für Bewerbungsgespräche/ Auswahlverfahren?
2. Stunde	Kleine Atlasrallye (u.a. Register, Legenden, Maßstab, Planquadrat, Kartentypen) zur Vorbereitung auf das Stationenlernen
3. – 7. Stunde	Stationenlernen (Wiederholung und Einüben grundlegender topographischer Kenntnisse und Fähigkeiten)
8. – 14. Stunde	***Projektunterricht:*** *Entwicklung eines Lernspiels für die unteren Jahrgangsstufen und dessen Anwendung in einem stufenübergreifenden Unterricht*
8. Stunde	Initial- und Planungsphase: Kriterien eines Lernspiels (Erarbeitung eines Kriterienkatalogs) und Entwicklung eines Spielplans
9. – 12. Stunde	***Durchführungsphase: Erstellen und Sammeln von Fragen und Regeln für das Lernspiel unter der Berücksichtigung der erarbeiteten Kriterien (kooperative Gruppenarbeit)***
12. -13. Stunde	Auswertungsphase: Gegenseitige Überprüfung/Testspielen der erstellten Lernspiele durch die anderen Gruppen Ggf. Modifikation der Lernspiele

14. Stunde

Anwendungsphase: Einladen einer
Lerngruppe aus den unteren Jahrgängen zum
gemeinschaftlichen Spielen

2. Thema der Unterrichtsstunde

Der Titel der Unterrichtsstunde lautet: „Wir entwickeln ein Erdkundespiel für die 5. bis 7. Klassen" – Durchführungsphase des Projektunterrichts für die Entwicklung eines topographischen Lernspiels.

In der heutigen Stunde sollen die Schülerinnen und Schüler mit Hilfe der in der vorausgegangenen Stunden aufgestellten Kriterien für Lernspiele in ihren Kleingruppen Konzepte für eigene Lernspiele entwickeln.

Sobald die Durchführungsphase in der Folgestunde abgeschlossen wird, schließt sich die Auswertungsphase (siehe Kapitel 4) an.

3. Ziele der Unterrichtsstunde (-einheit)

Mit dem projektorientierten Unterricht, steht der zweite Teil der Unterrichtsreihe ganz im Zeichen der Handlungsorientierung. Daher wird die Entwicklung einer Handlungskompetenz allen anderen Lernzielen übergeordnet:

Die Schülerinnen und Schüler entwickeln ein topographisches Lernspiel für die unteren Jahrgangsstufen anhand eines Kriterienkatalogs, indem sie weitestgehend selbstständig ein Konzept entwickeln, ihre Arbeitsprozesse organisieren, die erforderlichen Elemente (Spielplan, Regeln, Fragenkarten) erarbeiten, sowie ihr Projekt in einem stufenübergreifenden Unterricht in den unteren Klassen vorstellen und durchführen. *(Handlungskompetenz)*

Die Schülerinnen und Schüler erarbeiten Fragen- und Aktionskarten, sowie ein Regelwerk und allgemeine Vorgaben für ihr Lernspiel, indem sie (geographische) Sachverhalte verständlich, adressatenorientiert und fachsprachlich korrekt darstellen. *(Methodenkompetenz).*

Die Schülerinnen und Schüler sollen sich, unter dem Leitbild des Kooperativen Lernens als wichtiger Teil einer Gruppe wahrnehmen (Integrationsfähigkeit) und mit dieser ein gemeinsames Ziel verfolgen (Kooperationsfähigkeit), indem sie eine für die Gruppe dienliche

Funktion übernehmen und gemeinsam mit den anderen Mitgliedern an einem Projekt arbeiten. *(Sozialkompetenz)*

4. Didaktische Schwerpunktsetzung

Der Projektunterricht *„umfasst [...] neben dem Erwerb von Sachkompetenz auch die Erarbeitung von Sozialkompetenz und Methodenkompetenz.“*[4] So ermöglicht ihnen diese methodische Großform den Unterricht mitzugestalten, mitzubestimmen und handlungsorientiert zu arbeiten.

Mit dem Abschluss dieses Halbjahres bewerben sich die meisten Lernenden um einen Ausbildungsplatz und nehmen in diesem Rahmen an so genannten Assesment-Centern (Auswahlverfahren) teil. Auf Wunsch der Schüler wurden daher ähnliche Testverfahren im Unterricht durchgeführt und auf ihre Inhalte analysiert. Es konnte festgehalten werden, dass im geographischen Teil jener Prüfverfahren vor allem topographisches Wissen abgefragt wird. Es lag daher im Interesse der Schülerinnen und Schüler mit einem Stationenlernen individuell topographische Grundkenntnisse zu wiederholen und zu festigen. Die Reflexionsphase des Stationenlernens bildete zugleich die *Initialphase*[5] des im zweiten Teil der Unterrichtsreihe angestrebten Projektunterrichts. Vielen Mitgliedern der Klasse wurde deutlich, dass die Topographie im Laufe der Schulzeit einen immer kleiner werden Stellenwert im Unterrichtsgeschehen einnimmt und oft nur beiläufig behandelt wird. Es entstand die Idee ein Konzept zu entwickeln, welches als topographische Übungseinheit zu jedem Zeitpunkt des Unterrichts in den unteren Jahrgangsstufen eingesetzt werden kann.

Die Topographie steckt, wie beim Stationenlernen auch, während des Projektunterrichts den thematischen Rahmen ab, jedoch findet bei den Schülerinnen und Schülern ein elementarer Perspektivwechsel statt. Waren sie im vorausgegangenen Lernprozess noch in der Position des Lernenden, sind nun hinreichende methodische Kompetenzen gefragt, um ein fachsprachlich korrektes und adressatengerechtes Konzept zu entwickeln. Aus der Sachsituation heraus müssen sich die Schülerinnen und Schüler auf eine Metaebene und damit auf ein höheres Anforderungsniveau begeben. Nur so ist es ihnen möglich singuläres Wissen in einen übergeordneten Kontext zu bringen und Zusammenhänge zu erkennen. Aus diesem Grund lässt sich die gesamte Projektarbeit aus fachspezifischer Sicht als induktiv bezeichnen.[6] (Wirft man jedoch einen Blick in die *Durchführungsphase* dieses projektorientierten

---

[4] Rinschede, Gisbert (2007): Geographiedidaktik. 3. Auflage, Schöningh Verlag, u. a. Paderborn und München, S. 264.

[5] Brucker, Ambros(Hrsg.) (2009): Geographiedidaktik in Übersichten. Aulis Verlag, Köln, S.113.

[6] Vgl. Haubrich, Hartwig (Hrsg.) (2006): Geographie unterrichten lernen. 2. Auflage, Oldenburg Schulbuchverlag, u. a. München und Düsseldorf, S.154.

Unterrichts, so ist die methodische Herangehensweise durchweg deduktiv.[siehe zweiter Abschnitt])

In der *Planungsphase* erarbeiteten die Schülerinnen und Schüler Kriterien für Lernspiele, entschieden sich mit dem Brettspiel für einen Spieltyp und bildeten Arbeitsgruppen.

Die gezeigte Unterrichtsstunde ist Teil der *Durchführungsphase* des Projektunterrichts, in dem die Schülerinnen und Schüler mit Hilfe des Kriterienkatalog ein eigenes Spielkonzept entwickeln.

In der Einführungsphase werden die in der vorausgegangenen Stunde erarbeiten Kriterien für ein gutes Lernspiel (siehe Anhang) kurz benannt und an der Tafel als Mindmap visualisiert. Anschließend werden das Unterrichtsvorhaben und der Arbeitsauftrag vorgestellt. Auf diese Weise werden die formalen Vorkenntnisse mobilisiert und eine inhaltliche sowie methodische Klarheit geschaffen.[7]

Anschließend gehen die Schülerinnen und Schüler in ihre festgelegten arbeitsgleichen Gruppen. Bei deren Zuordnung und Größe (je 3 Gruppenmitglieder) wurden die höchst defizitären sozialen Kompetenzen berücksichtigt (siehe Kapitel 5). In dieser Klasse werden gruppendynamische Prozesse oder kooperative Vorhaben von nahezu jedem Unterrichtenden gemieden. Die Lerngruppe hat jedoch im Unterricht der LAA gezeigt, dass die Aufhebung von lehrerzentrierten Lernprozessen zu einem lernförderlicheren Klima führen kann. So scheint vor allem die Partizipation an Unterrichtsplanung und -durchführung ein wesentlicher Indikator für eine erhöhte Lernbereitschaft, Interessenbildung sowie ein besseres Sozialverhalten zu sein.[8]

Um die gegenseitige positive Abhängigkeit der Gruppe zu unterstützen, wird in der Durchführungsphase jedem Gruppenmitglied eine Rolle zu teil. Die in der Literatur üblichen Funktionen wurden modifiziert, sodass es neben dem Zeitmanager einen Protokollanten (Schreiber) und einen Kriterienexperten (siehe Anhang) gibt. Es hat sich gezeigt, dass es in dieser Lerngruppe sowohl äußerst introvertierte Schüler, als auch solche gibt, die ihre eigenen Interessen immer denen der Gruppe überordnen. Es ist der LAA daher ein Anliegen, Aspekte der Sozialkompetenz, wie Teamfähigkeit, Konfliktfähigkeit, Verantwortung und Hilfsbereitschaft zu fördern.

In der Arbeitsphase entwickelt jede Gruppe mit Hilfe der neun chronologisch angelegten Stationen ein Konzept für ihr Lernspiel. Als unterstützende Elemente dienen der in der vorausgegangenen Stunde erarbeitete Kriterienkatalog und das Material in der Ideenbörse. Das Arbeiten an Stationen (im Sinne eines Lernzirkels) birgt mehrere Vorteile. Die

---

[7] Vgl. Meyer, Hilbert (2004) Was ist guter Unterricht? 7. Auflage, Cornelsen Verlag Scriptor, Berlin, S. 55ff.
[8] Vgl. ebd., S. 47ff.

Aufgliederung soll eine Überforderung der Gruppe durch das Gros an Teilarbeitsaufträgen vermeiden, so dass eine erhöhte Konzentration auf jede Teilaufgabe möglich wird. Außerdem spielt der motivationale Faktor eine wesentliche Rolle. Die Schülerinnen und Schüler entwickeln eine gewisse Neugier, was sie an der nächsten Station erwarten wird. Nicht zuletzt grenzt sich auch die Handreichung der Arbeitsaufträge von denen des unterrichtlichen Alltags ab. Die Lernenden finden an den Stationen keine Arbeitsblätter vor, sondern Laminate im Karteikartenformat. Die Erprobung dieser unwesentlichen Veränderung zeigte, dass die Schüler sofort beginnen zu arbeiten und sich von dieser Art der Darstellung weniger „erschlagen" fühlen.[9]

An der Ideenbörse finden die Schülerinnen und Schüler eine Vielzahl von Materialien, wie Anregungen für die Gestaltung ihres „Aktionsfeldes", eine Zusammenfassung des Stationenlernens, kleine Erdkundespiele für die Entwicklung der Fragenkarten und das bereits entwickelte Spielbrett. Somit ist es jeder Gruppe möglich sich immer neue Ideen für die Entwicklung ihres Konzepts einzuholen, außerdem wird die feste Struktur des Unterrichts aufgebrochen, da die Lernenden sich im Raum bewegen dürfen.

Auf diese Weise wird ein differenziertes Lernangebot geschaffen, in dem sich möglichst jeder wieder findet, Aufgaben im Rahmen seiner Möglichkeiten und Fähigkeiten zu bearbeiten und stets das Gefühl wirklicher Partizipation erfährt.

Im Gegensatz zu vielen anderen Projekten, in denen Gruppen aufgabenverschieden an einem übergeordneten Thema arbeiten, wurde bei der *Durchführungsphase* dieses Projekts gezielt eine modifizierte Variante gewählt. In einem Lernspiel greifen alle zur Konzeption zählenden Elemente (Regeln, Fragen, Aktionen, formale Vorgaben) eng ineinander. Aus diesem Grund wäre es nicht sinnvoll, die Bereiche durch getrennte Gruppen bearbeiten zu lassen. Außerdem spielt die aktuelle Situation der Schülerinnen und Schüler in die Planung des Projekts mit ein. Die vielen Fehlstunden, die Arbeitsverweigerung und das schlechte Sozialverhalten sind Indizien für Resignation und die fehlende positive Einstellung zu Schule und Unterricht. Die Schülerinnen und Schüler der 10a erhalten durch ihre negativ besetzte Stereotypisierung keine Chance Vorbild zu sein oder sich mit ihren ganz individuellen Fähigkeiten behaupten zu dürfen. Kleine Arbeitsgruppen lassen ein hohes Maß an Individualität zu und dennoch wird ein gemeinsames Ziel verfolgt; ein entscheidendes Merkmal des Projektunterrichts.[10]

---

[9] Angeleitet durch die Ideen von Torweihe, Uwe (Gesamtschule Emschertal). Fremddozent im Rahmen des Fachseminars Mathematik am 02.02.2012 (2012): Individuelles Arbeiten in kooperierenden Lerngruppen. Books on Demand, Nordersteadt.

[10] Brucker, Ambros (Hrsg.) (2009): Geographiedidaktik in Übersichten. Aulis Verlag, Köln, S.122.

Die gezeigte Stunde schließt mit der Sicherungsphase ab, in der die Schülerinnen und Schüler ihre Arbeit unter methodischen Gesichtspunkten evaluieren werden.

5. Die Lerngruppe

Die 10a ist eine vergleichsweise kleine Lerngruppe von 17 Schülerinnen und Schülern. Zu Beginn des Schuljahres ist die Klasse im Rahmen der Qualifikationsdifferenzierung (Hauptschulabschluss/Realschulabschluss) neu eröffnet worden.

Im Laufe der Jahre haben sich unter den Jahrgängen und einzelnen Lernenden zahlreiche Vorurteile verankert. Neben dieser Tatsache haben viele der Schülerinnen und Schüler erhebliche Schicksalsschläge erleben müssen. Auch der recht kurze Findungszeitraum von einem halben Jahr und die Streichung der Abschlussfahrt nach England, als Konsequenz der immer wieder auftretenden Disziplinschwierigkeiten und Konfliktsituationen, bilden keine guten Voraussetzungen für eine gruppendynamische Entwicklung. Daraufhin haben sich in der Klasse überwiegend zwei bis drei Schüler in Kleinstgruppen zusammengefunden und von den anderen Gruppen abgegrenzt oder ausgrenzen lassen.

Noch in der letzten Woche wurde eine Konferenz aller in der Klasse Unterrichtenden abgehalten. Vor allem unter den erfahreneren Kollegen entstand der allgemeine Konsens, dass ein „normaler" Unterricht unter den gegebenen Umständen nicht praktikabel sei und es nur noch um ein bloßes „Durchhalten" der letzten Monate ginge. Auch die LAA hatte unter den wideren Umständen mit großen Startschwierigkeiten zu kämpfen. Es hat sich jedoch gezeigt, dass eine transparente Unterrichtsstruktur, offene Lernformen und Wertschätzung der Schülerinteressen und -probleme die Arbeitshaltung der Schüler öffnet und sich ein respektvoller Umgang entwickeln kann. In dem letzten halben Jahr wurde der Erdkundeunterricht weniger an thematischen Schwerpunkten ausgerichtet, sondern für die Schüler völlig neue Arbeitsformen eingeführt und in jedem Schritt der Unterrichtsplanung und -durchführung deren Partizipation berücksichtigt. So konnten sie beispielsweise unter dem Leitgedanken des eigenverantwortlichen und eigenständigen Arbeitens ein Thema ihrer Wahl über mehrere Wochen mit einem Portfolio, Essay oder Referat bearbeiten. Vor jedem neuen Unterrichtsvorhaben wurden die fachlichen und methodischen Interessensschwerpunkte mit Hilfe eines Fragebogens analysiert und dahingehend neu definiert. Neben diesen Möglichkeiten wird auch mit dem Projektunterricht die Idee verfolgt den Schülern positive Erfahrungen zu verschaffen und sie nicht ständig an den Rand ihrer Frustrationsgrenze heranzuführen.

Im Folgenden werden einige Schüler gesondert erwähnt, da sie von der LAA als besonders leistungsschwach eingestuft werden oder aber den Unterricht auf unvorhergesehene Weise beeinflussen könnten.

(S1) und (S2) beteiligen sich nicht selbstständig am Unterricht. Auf Aufforderung können sie qualitativ und quantitativ nur sehr schwache Beiträge leisten. Sie zeigen keinerlei disziplinäre Schwierigkeiten, machen immer ihre Hausaufgaben und sind sehr arbeitswillig. In Gruppenarbeiten sind sie durch ihre introvertierte Rolle überwiegend in der Beobachterrolle. Das Kooperative Lernen soll sie darin unterstützen sich aktiv in eine Gruppe zu integrieren und mit den anderen Schülern in Kommunikation zu treten.

Die Schülerinnen (S3), (S4), (S5) und (S6) fallen in der Klasse vor allem durch ständiges Hineinrufen und Gespräche mit ihren Mitschülern auf. Dieses Verhalten konnte innerhalb der letzten Monate bereits reduziert, jedoch noch nicht ganz abgestellt werden. Auch sie soll das kooperative Lernen darin unterstützen, sich in eine Gruppe einzufügen, im Team zu arbeiten und die eigenen Interessen denen der Gruppe unterzuordnen. Zu (S5) ist weiterhin zu sagen, dass sie seit kurzer Zeit in einer Heimfamilie untergebracht ist, die sie selbst als „Zwangsfamilie" beschreibt. Während einer langen Zeit hat sie ihre an Krebs erkrankte Mutter versorgt, den Haushalt geführt und sie bis zum Schluss begleitet. Die LAA hat mit ihr bereits mehrmals Gespräche geführt und immer wieder versucht sie trotz ihres emotionalen Zustandes in den Unterricht zu integrieren, um sie wieder an Normalität und Alltag heranzuführen. (S6) war bis zum Ende der 9. Klasse ein GU-Kind, so dass sie zieldifferent gemeinsam mit den Regelschülern unterrichtet wurde. Mit Beginn der 10. Klasse wurde diese Förderung aufgehoben. In einigen Stunden verweigert sie vollkommen die Mitwirkung am Unterricht und ist für den Rest der Stunde nur noch „anwesend". Gelegentlich gelingt es nach mehrmaligen Motivationsversuchen sie in den Unterrichtsprozess zurückzuholen. Das eigenverantwortliche und selbstorganisierte Lernen der Gruppen ermöglichen es, dass sich die LAA ggf. intensiver um diese Schülerin kümmern kann.

Der Schüler (S7) viel während seiner Laufbahn an der GHS Gneisenau bereits mehrmals aktenkundig auf. In jüngster Zeit verhielt er sich derart regelwidrig, dass zahlreiche schul(psychologische) Instanzen eingesetzt werden mussten und er diverse Auflagen zur Aggressionsbewältigung erhielt.

Zuletzt ist zu erwähnen, dass ein konstruktiver Unterricht zu Beginn der Woche nur mit Einschränkungen möglich ist, da Schüler entweder dem Unterricht fern bleiben oder noch mit den Ereignissen des Wochenendes beschäftigt sind. Es ist daher nicht auszuschließen, dass die

Gruppenarbeit nicht in ihrer geplanten Form durchgeführt werden kann und einzelne Schüler Aufgaben ihrer Klassenkameraden übernehmen werden müssen.

6. Bezug zu den Kernlehrplänen

Bei der Entwicklung eines topographischen Lernspiels als methodische Großform, stehen in erster Linie nicht die fachspezifischen Kompetenzen im Mittelpunkt. Trotzdem soll angemerkt werden, dass im standortbezogenen Lehrplan die Topographie in allen Jahrgangsstufen mit steigendem Maßstab verankert ist und sich damit an der Entwicklung der Mental Map orientiert. Der Projektunterricht greift auf Seiten der sachbezogenen Zielsetzung auf topographische Themenbereiche der verschiedenen Klassenstufen zurück (5/6: Topographie Deutschlands; 7/8: Topographie der Erdteile, Großlandschaften der Erde, Oberflächenformen der Erde; 9/10: Länder der Europäischen Gemeinschaft, die Weltkarte[11]). Das Projekt orientiert sich damit zugleich an den Fachkompetenzen der Entwickler als auch an denen der Adressaten. Der Kerlehrplan für Hauptschulen hingegen benennt den Erwerb topographischer Grundkenntnisse immer in Verbindung mit verschiedenen Inhaltsfeldern. So lässt sich in der Jahrgangsstufe 9/10 exemplarisch die Eingliederung der Sachkompetenz „*Die Schülerinnen und Schüler können komplexere geographische Sachverhalte mithilfe unterschiedlicher Orientierungsraster einordnen.*" innerhalb der Inhaltsfelder 5 bis 7 nennen.[12]

Auf Seiten der Handlungskompetenz wird von den Schülerinnen und Schülern erwartet, „*dass sie ein fachbezogenes Projekt weitestgehend selbstständig organisieren, durchführen und auswerten.*[13]"

---

[11] Vgl. Schulinterner Lehrpan Erdkunde der GHS Gneisenaustraße Duisburg für die Jahrgangsstufen 5/6, 7/8 9/10 (August 2009).

[12] Schulministerium für Schule und Weiterentwicklung des Landes Nordrhein-Westfalens (Hrsg.) (2011): Kernlehrplan für die Hauptschule in Nordrhein-Westfalen. Gesellschaftslehre, Erdkunde, Geschichte/Politik. S.34.

[13] Schulministerium für Schule und Weiterentwicklung des Landes Nordrhein-Westfalens (Hrsg.) (2011): Kernlehrplan für die Hauptschule in Nordrhein-Westfalen. Gesellschaftslehre, Erdkunde, Geschichte/Politik. S.35.

7. Verlaufsplan

Phasen	Interaktionsverhalten		Sozialformen	Medien
	geplantes Lehrerverhalten	erwartetes Schülerverhalten		
Begrüßung **Einstieg**	Den Schülern wird ein Spielbrett gezeigt. Es wird darauf verwiesen, dass bei der Entwicklung eines Lernspiels ganz besondere Dinge beachtet werden müssen. *„An welche erarbeiteten Kriterien aus der letzten Stunde könnt ihr euch noch erinnern?"* Die von den Schülern benannten Kriterien werden an der Tafel als Mindmap zusammengetragen und ggf. ergänzt.	Die Schüler mobilisieren ihre bereits erworbenen Kenntnisse aus der letzten Unterrichtsstunde, indem sie einzelne Kriterien nennen und diese beschreibend ausführen.	Unterrichtsgespräch	Spielbrett Tafel Laminate der Kriterien
	Die Schüler werden aufgefordert sich in ihren bereits festgelegten Arbeitsgruppen an Gruppentischen zusammenzufinden.	Die Schüler treffen in ihren Arbeitsgruppen von drei (zwei) Lernenden zusammen.	Gruppenarbeit	
	In den Gruppen soll während der Arbeitsphase jeder Schüler eine besondere Rolle übernehmen. Die Rollentypen sollen sich nacheinander	Die Schüler sollen durch ein Handzeichen deutlich machen, welche Rolle sie übernehmen. Die Funktionen der einzelnen	Unterrichtsgespräch	Rollenkarten zum kooperativen Lernen (Protokollant,

	kenntlich machen, um abzusichern, dass in jeder Gruppe alle Rollen vertreten sind. Weiterhin werden einzelne Schüler aufgefordert ihre Rolle zu nennen und die entsprechende Aufgabe zu beschreiben.	Rollen sollen für die gesamte Lerngruppe durch einzelne Schüler noch einmal transparent gemacht werden.		Zeitmanager, Kriterienexperte)
	Ausgabe der verschriftlicheten Arbeitsaufträge und der Konzeptpapiere.			Arbeitsaufträge in Klassenstärke
	Ein Schüler wird aufgefordert den Arbeitsauftrag vorzulesen.	Ein Schüler ließt, für alle verständlich, den Arbeitsauftrag vor.		Konzeptpapiere in Gruppenstärke
Arbeitsphase	Die Schüler werden aufgefordert sich das Konzeptpapier in ihrer Gruppe anzuschauen, sowie einen Blick auf die aufgebauten Stationen zu werfen und so die Systematik des Konzeptpapiers zu erklären.	Die Schüler betrachten das Konzeptpapier sowie die Stationen und erklären so die einzelnen Symbole und Elemente.		aufgebaute Stationen/ Ideenbörse
	Die Schüler werden aufgefordert mit der Entwicklung ihrer Konzepte zu beginnen. Den Zeitmanagern wird die Zeitvorgabe mitgeteilt. Die LAA übernimmt nun nur noch eine beratende Funktion.	Die Schüler beginnen ihre Konzepte entlang des modifizierten Lernzirkels zu entwickeln und übernehmen während des gesamten Arbeitsprozesses ihre Rollenfunktion.	Gruppenarbeit unter dem Leitbild des kooperativen Lernens	Konzeptpapier Stationen Material an der Ideenbörse (bspw. Erdkundespiele, Karteikarten, Aktionskarten, Systeme zur

Reflexionsphase	Die Schüler werden aufgefordert ihren Arbeitsstand mit Hilfe eines Buttons an der Tafel neben der Liste der Stationen kenntlich zu machen. Dies gewährt einen Einblick in das Arbeitstempo der Gruppen und macht die nachfolgenden Stunden planbarer. Weiterhin sollen die Schüler ein mündliches zu ihrer Arbeit und ihrer Rollenfunktion geben.	Die Schüler haben ihre Arbeit in den Gruppen beendet. Der Zeitmanager heftet einen Button an die Stelle ihrer individuellen Arbeitsphase. Einzelne Schüler berichten über die Arbeit in den Gruppen und ihre Rolle.	Unterrichtsgespräch	Laminate der Stationen Gruppenbutton

8. Literaturverzeichnis

- Brucker, Ambros (Hrsg.) (2009): Geographiedidaktik in Übersichten. Aulis Verlag, Köln.

- Haubrich, Hartwig (Hrsg.) (2006): Geographie unterrichten lernen. 2. Auflage, Oldenburg Schulbuchverlag, u. a. München und Düsseldorf

- Meyer, Hilbert (2004) Was ist guter Unterricht? 7. Auflage, Cornelsen Verlag Scriptor, Berlin.

- Rinschede, Gisbert (2007): Geographiedidaktik. 3. Auflage, Schöningh Verlag, u. a. Paderborn und München.

- Schulinterner Lehrpan Erdkunde der GHS Gneisenaustraße Duisburg für die Jahrgangsstufen 5/6, 7/8 9/10 (August 2009).

- Schulministerium für Schule und Weiterentwicklung des Landes Nordrhein-Westfalens (Hrsg.) (2011): Kernlehrplan für die Hauptschule in Nordrhein-Westfalen. Gesellschaftslehre, Erdkunde, Geschichte/Politik.

- Torweihe, Uwe (2012): Individuelles Arbeiten in kooperierenden Lerngruppen. Books on Demand, Norderstedt.

Anhang

- Tafelbild Mindmap der Kriterien für Lernspiele
- Infopaper Kriterien für ein gutes Erdkundespiel
- Rollenkarten zum Kooperativen Lernen
- Verschriftlicher Arbeitsauftrag
- Konzeptpapier
- Stationen für die Durchführungsphase

Rahmen-
vorgaben

Spielvoraus-
setzungen

Fragen

Name des
Spiels

Material

Spielregeln

Überraschungs
-
Momente

Gestaltung

Lernen mit
Kopf, Hand
und Herz

Formulierung

Selbst-
kontrolle

Kriterien für ein gutes Erdkundespiel:

Das oberste Ziel ist es, dass ein Spiel Spaß macht!
Dies ist nur möglich, wenn die nachfolgenden
Kriterien beachtet werden:

Spielvoraussetzungen und Rahmenvorgaben		
Material	– Sollte ansprechend gestaltet sein (Farben, Bilder, gut zu greifen).	
Name des Spiels	– Wissen die Mitspieler schon durch den Namen, worum es in dem Spiel geht? Hört sich das Spiel spannend an und man kann sich vorstellen, dass es Spaß machen wird?	
Rahmenvorgaben	– Werden Vorgaben, wie Anzahl der Spieler und benötigte Materialien genannt?	
Spielregeln	– Sind die Regeln schnell zu verstehen?	
Überraschungsmomente	– Jeder Mitspieler/Team sollte die Chance haben zu gewinnen (auch wenn er nicht jede Frage beantworten kann). Wird dieses Problem gelöst?	
Fragen		
Selbstkontrolle	Die Mitspieler sollten schnell und selbstständig kontrollieren können, ob die Frage richtig oder falsch beantwortet worden ist.	
Formulierung	Die Fragen müssen eindeutig formuliert sein, so dass sie schnell verstanden werden und lösbar sind. Außerdem sollten die Fragen nicht zu lang sein und die Rechtschreibung richtig.	
Lernen mit Kopf, Hand und Herz	Bei der Beantwortung der Fragen sollten die Spieler auch einmal in Aktion treten und nicht immer nur eine einfache Frage beantworten. Z. B.: Etwas auf einer Karte zeigen	
Gestaltung	Die Karten sollten ordentlich beschrieben sein, wenn es möglich ist mit dem PC.	

Zeitmanager

Deine Aufgabe besteht darin,

auf die Einhaltung

der Zeit während der

Arbeitsphase zu achten.

Kriterienexperte

Deine Aufgabe besteht

darin, die Gruppe an die

Einhaltung der Kriterien zu

erinnern.

Protokollant

Deine Aufgabe besteht

darin, Ergebnisse der

Gruppenarbeit auf dem

Konzeptpapier festzuhalten.

Arbeitsauftrag

- Entwickelt ein Konzept für euer Lernspiel!
- Arbeite dazu mit deiner Gruppe an den Stationen 1 bis 11 (Reihenfolge berücksichtigen!).
- Berücksichtige bei der Arbeit in der Gruppe die Einhaltung deiner Rolle!

Unser Konzept
–
Wir entwickeln ein Lernspiel für die 5. bis 7. Klasse

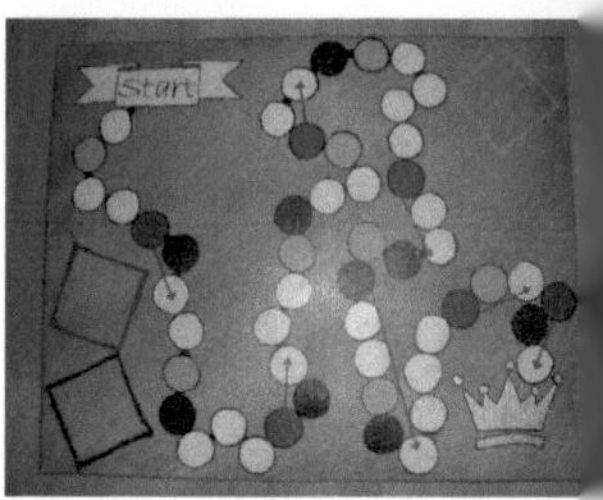

Station	Eure Ideen/Regeln	Es befindet sich Material an der Ideenbörse!
1. Name des Spiels:		
2. Bestimmung der Mitspieler/Teamgröße:		
3. Spielreihenfolge:		
4. Spielfelder:		
5. Spielbeginn:		
6. Spielende:		
7. Würfel:		
8. Gelbe Aktionsfelder		
9. Beantwortung der Fragen auf den roten und blauen Spielfeldern		
10. Rätselkarten für die roten und blauen Spielfelder		

I

Stationen für die Durchführungsphase

1. Wie soll das Spiel heißen?

- Beachtet dabei, dass die Schüler Lust auf das Spiel bekommen und der Name darauf hinweisen sollte, worum es in dem Spiel geht.
  - Holt euch das Spielbrett aus der Ideenbörse, vielleicht fällt euch dann schneller etwas ein.

2. Bestimmung der Mitspieler

- Spielen Teams oder Einzelpersonen gegeneinander? (Bedenkt, dass das Spiel in einer Schulklasse gespielt werden soll.)
- Wie viele Teams können gegeneinander spielen und wie groß sind die Teams?
- Wie werden die Teams zusammen gestellt? Überlegt euch eine feste Regel!
  - Bsp.: Losen, abzählen, selbst zuordnen... oder?

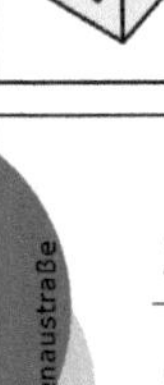

3. Spielreihenfolge

o Bei fast allen Spielen wird im Uhrzeigersinn gespielt.
  - Haltet ihr das für gut? Spricht etwas dagegen?
  - Wollt ihr, dass anders herum gespielt wird?
  - Haltet eine Regel fest.

---

4. Spielfelder

o Dürfen auf einem Spielfeld mehrere Spielfiguren gleichzeitig stehen.
  - Wenn nein, was passiert dann?
    o Muss der Spieler noch einmal würfeln?
    o Muss der Spieler stehen bleiben und darf es erst in der nächsten Runde wieder probieren?
    o Habt ihr eine bessere Idee?

---

5. Spielbeginn

o Wer soll das Spiel beginnen?

o Hier ein paar Ideen. Ihr könnt euch aber auch eine eigne Möglichkeit ausdenken.
  - Spieler mit der höchsten Augenzahl beginnt
  - Ältester/jüngster Spieler

6. Spielende

o Wann endet das Spiel?

o Muss eine passende Augenzahl für die letzten Felder gewürfelt werden oder spielt das keine Rolle?

  - Bsp.: Die Spielfigur steht 2 Felder vor dem Ziel. Muss nun eine 2 gewürfelt werden oder darf es auch eine größere Zahl sein?

7. Der Würfel

o Über den Würfel können schon viele Spielregeln eingeführt werden. Muss man aber nicht. Überlegt, ob ihr euch für diese Variante entscheidet, oder ob euch das zu viele Regeln sind.

  - Hier ein paar Beispiele:
  - Wenn eine 6 gewürfelt wird, darf noch einmal gewürfelt werden.
  - Wenn eine 3 gewürfelt wird, muss der Spieler in der nächsten Runde aussetzen/darf noch einmal würfeln….

8. Gelbe Aktionsfelder

o Für das gelbe Feld könnten die Spieler Aktionen ausführen, bei denen sie keine Fragen beantworten müssen.

  - Auf diese Weise kann ein Spieler weiter nach vorne gelangen, wenn er der Letzte war.
  - Aktionsfelder machen ein Spiel spannend, da sie alles ändern können.
  - Beispiele für Aktionsaufgaben liegen an der Ideenbörse.
  - Ihr könnt euch auch eigene Aktionen einfallen lassen!

9. Beantwortung der Fragen auf den roten und blauen Spielfelder

- Auf den roten und blauen Feldern sollten die Spieler Fragen beantworten.
  - Jetzt sollt ihr euch zunächst überlegen, was passiert, wenn die Fragen richtig oder falsch beantwortet werden
    - Bsp: rot → falsch beantwortet = gehe 2 Felder zurück; richtig = bleibe stehen
    - Blau → richtig beantwortet = folge dem Pfeil und nehme die Abkürzung; falsch = bleibe stehen
  - Wie können die Spieler kontrollieren, ob die Antwort richtig oder falsch ist?
  - Die Antwort kann auf der Rückseite stehen, oder klein unten auf der Karte.

10. Rätselkarten für die roten und blauen Spielfelder

- Ihr habt nun die Aufgabe Fragen für die beiden Felder zu entwickeln
  - Was unterscheidet die Fragen der beiden Felder?
  - Hier eine Idee:
    - Auf den blauen Feldern könnten die Spieler etwas tun, z.B. den Mount Everest aus dem Atlas heraussuchen/eine Skizze von Afrika anfertigen,...
    - Auf den roten Feldern könnten die Spieler eine Frage beantworten.
  - Dabei helfen euch
    - Die Ergebnisse aus dem Stationenlernen
    - Die Ideenbörse
  - Beachtet bei der Entwicklung der Fragen den Kriterienkatalog!

11. Material

- Brauchen die Spieler bestimmtes Material, um spielen zu können?
- Z. B. Papier, Stift, Atlas, eine Weltkarte, etc?